BEI GRIN MACHT SICH IHR WISSEN BEZAHLT

- Wir veröffentlichen Ihre Hausarbeit,
  Bachelor- und Masterarbeit

- Ihr eigenes eBook und Buch -
  weltweit in allen wichtigen Shops

- Verdienen Sie an jedem Verkauf

Jetzt bei www.GRIN.com hochladen und kostenlos publizieren

Bibliografische Information der Deutschen Nationalbibliothek:

Die Deutsche Bibliothek verzeichnet diese Publikation in der Deutschen National-bibliografie; detaillierte bibliografische Daten sind im Internet über http://dnb.d-nb.de/ abrufbar.

Impressum:

Copyright © 2018 GRIN Verlag
Druck und Bindung: Books on Demand GmbH, Norderstedt Germany
ISBN: 9783668790728

Dieses Buch bei GRIN:

https://www.grin.com/document/439443

Katrin Gerleigner

Grenzen und Möglichkeiten der Künstlichen Intelligenz

GRIN Verlag

GRIN - Your knowledge has value

Der GRIN Verlag publiziert seit 1998 wissenschaftliche Arbeiten von Studenten, Hochschullehrern und anderen Akademikern als eBook und gedrucktes Buch. Die Verlagswebsite www.grin.com ist die ideale Plattform zur Veröffentlichung von Hausarbeiten, Abschlussarbeiten, wissenschaftlichen Aufsätzen, Dissertationen und Fachbüchern.

Besuchen Sie uns im Internet:

http://www.grin.com/

http://www.facebook.com/grincom

http://www.twitter.com/grin_com

Inhaltsverzeichnis

Abbildungsverzeichnis

1 Einleitung

„Alexa was steht für heute in meinem Kalender?" „Ok Google, Flugmodus aktivieren!"
Dies sind Ausschnitte aus der Werbung zu Amazons Alexa und Google Home. Die
Sprachassistenten sollen das Alltagsleben für die Menschen erleichtern und in allen Le-
benslagen behilflich sein. Sie sind sprachgesteuerte intelligente Assistenten und somit
Teil der künstlichen Intelligenz (*Nowak, Gotta, Wiesmüller*, 2017, o. S.; *Ohse*, 2017,
o. S.). Die intelligenten Maschinen sind bereits Teil unseres Lebens und nicht mehr
wegzudenken. Kein anderes Thema löst so viele Diskussionen aus wie die künstliche
Intelligenz. Sie stellt für die eine Gruppe von Menschen Bedrohung, Angst und Unsi-
cherheit dar und für die Andere Faszination und zugleich Chance für die Zukunft
(*Michler*, 2017, o. S.). Auch die Regierung sieht die künstliche Intelligenz als ein zent-
rales Zukunftsthema und ist bestrebt in diesem Bereich Führender am Markt zu werden.
Es wurde eine nationale Strategie beschlossen, die vorsieht, dass mehr Geld in diese
Entwicklung investiert werden soll. Die Bundesregierung sieht Deutschland derzeit hinter den USA und China und möchte diese Lücke schließen (*Balser*, 2018, o. S.).
Der Begriff Intelligenz weckt bei uns Menschen ein bestimmtes Bild, wir verbinden ihn
mit dem Verstand. Mit dem Verstand können wir überlegen, Entscheidungen treffen
und dies befähigt uns zu denken (*Russell, Norvig*, 2012, S. 24-25). Wie sieht es mit der
künstlichen Intelligenz aus? Greifen wir noch einmal den Werbespot von Alexa auf, so
gibt es eine weitere Ausführung, bei der Alexa die Herrschaft übernimmt. Aufgrund der
Sprachbefehle kann sie das gehörte verarbeiten, lernen und selbstständig Dienste ausführen (*extra 3 Familie*, 2017, 00:01:14). Dies würde bedeuten, dass Alexa intelligent
wäre und könnte somit intelligent handeln. Wäre so eine Situation in der Zukunft vor-
stellbar? Kann daraus resultiert werden, dass Maschinen ebenso denken können? Kann
die Zukunftsvision der künstlichen Intelligenz sein, dass Maschinen intelligenter werden als wir?
Mit diesen Fragen beschäftigt sich die nachfolgende Arbeit. Zu Beginn wird in Kapitel
2 die Definition der menschlichen Intelligenz von der künstlichen Intelligenz abge-
grenzt. Der Unterschiede der beiden Intelligenzarten soll deutlich machen, dass eine
Maschine keine menschlichen Eigenschaften benötigt, um als intelligente Maschine
bezeichnet zu werden. Kapitel 3 gibt einen Überblick über den Stand der Technik der
Systeme, die für die Beantwortung der gestellten Problemstellung ausschlaggebend

sind. In Kapitel 4 werden aktuelle Beispiele der künstlichen Intelligenz angeführt, um die Grenzen und Möglichkeiten abzugrenzen. Zum Abschluss der Arbeit wird das Thema kritisch beleuchtet und ein Fazit gezogen (Kapitel 5).

2 Unterschied menschliche vs. künstliche Intelligenz

2.1 Menschliche Intelligenz

Eine Definition für den Begriff der Intelligenz im allgemeinen biologischen Sinne zu finden, erscheint im ersten Moment ganz einfach, aber es bestehen in der Literatur verschiedene Auffassungen über dieser Begriff. Eine noch sehr ungenaue Beschreibung lieferte William Stern: „Intelligenz ist die allgemeine Fähigkeit eines Individuums, sein Denken bewußt auf neue Forderungen einzustellen; sie ist allgemeine geistige Anpassungsfähigkeit an neue Aufgaben und Bedingungen des Lebens." (1912, S. 3). So einfach, wie diese Definition es beschreibt, lässt sich die Intelligenz der Gegenwart nicht beschreiben, wenn auch die Unterscheidung von Abhängigkeit und Teilung immer noch gilt. Intelligenz wird vom lateinischen Wort *intelligentia* abgeleitet und kann mit den Begriffen Verstand oder Erkenntnis übersetzt werden. Wird zusätzlich der Begriff *inter legere* betrachtet, so kann die Liste um die Eigenschaften Einsicht, das Herstellen von Zusammenhängen und die Erfassung der verschiedenen Optionen ergänzt werden (*Gittler, Arendasy*, 2005, S. 229; *Neubauer, Stern*, 2007, S. 12). Demnach kann intelligentes Verhalten mit dem Einsatz des Verstandes assoziiert werden sowie der Fähigkeit des Problemlösens. Mit dem Versand können logische Schlussfolgerungen gezogen werden sowie Spracherkennungen, Symbole und Zeichen verarbeitet werden. Intelligenz kann zwei Ausprägungen annehmen, die Anpassung an seine Umgebung oder die Angleichung der Umwelt an den Menschen (*Cruse, Dean, Ritter*, 1998, S. 9; *Görz, Wachsmuth*, 2003, S. 2).

Die menschliche Intelligenz lässt sich in verschiedene Bereiche unterteilen, dazu gehören die emotionale, sensomotorische und soziale Intelligenz. Bei der emotionalen Intelligenz werden die eigenen und fremden Emotionen realisiert, verstanden und können somit beeinflusst werden (*Goleman*, 1997, S. 65). Unter der kognitiven Intelligenz werden die kognitiven Fähigkeiten eines Menschen verstanden, wie zum Beispiel, das Wahrnehmen von Informationen sowie sich Wissen anzueignen und daraus Schlussfolgerungen zu ziehen (*Gittler, Arendasy*, 2005, S. 229; *Schweizer*, o. J., o. S.). Das Zusammenspiel von der Wahrnehmung und den motorischen Fähigkeiten wird durch die sensomotorische Intelligenz gesteuert (*Piaget*, 2003, S. 16-18). Bei der sozialen Intelligenz stehen die Reaktionsfähigkeit und zwischenmenschlichen Beziehungen in Gruppen im Vordergrund, zum Beispiel sich in einer Gruppe angemessen zu verhalten (*Süß, Beauducel*, 2013, S. 212-214).

2.2 Künstliche Intelligenz

Die künstliche Intelligenz ist ein Teilbereich der Informatik und beschäftigt sich mit der Untersuchung von intelligenten Maschinen. Ein übergeordnetes Ziel von künstlicher Intelligenz ist, dass Maschinen nicht nur verstehen lernen, sondern selbstständig intelligent lernen und Zusammenhänge herstellen können. Dieser Ansatz löst seit mehreren Jahren emotionale Diskussionen aus, was ebenso auf die übersetzte amerikanische Bezeichnung „Artificial Intelligence" zurückzuführen ist. Die Wort für Wort Übersetzung des Begriffes, wirft Fragen und Diskussionen auf, da sie mit dem Wort Intelligenz verknüpft wird und dies zur Annahme führen könnte, dass Maschinen intelligent sind (*Görz, Schmid, Wachsmuth*, 2014, S. 1-2).

In der Literatur eine einheitliche Definition für den Begriff der künstlichen Intelligenz zu finden, gestaltet sich schwierig. Zum einen kann künstliche Intelligenz über den Vergleich Maschine – Mensch betrachtet werden. Maschinen besitzen zwar nicht die Fähigkeiten eines Menschen, aber es wurden bereits entsprechende Programme entwickelt, welche es ermöglichen, die Lösung eines Problems schneller vorzunehmen als ein Mensch dies erledigen könnte. Es unterstützt und erleichtert dem Menschen viele Aufgaben und Situationen. Demnach sollen die Maschinen künftig so eingesetzt werden, dass sie die Intelligenz eines Menschen ersetzen könnten. Die Maschinen lernen vom Verhalten sowie den Eigenschaften eines Menschen (*Lämmel, Cleve*, 2012, S. 12-13).

Durch diese Annahmen wird berechtigt die Frage aufgeworfen, ob eine Maschine denken könnte? Diesen Ansatz verfolgte Turing 1950 und entwickelte den Turing-Test. Mit diesem wollte er eine wissenschaftliche Definition für den Begriff der Intelligenz erzielen. Der Turing-Test wird dann als bestanden angesehen, wenn die menschliche Testperson, nicht identifizieren und unterscheiden kann, ob eine Maschine oder ein Mensch auf seine gestellten schriftlichen Fragen reagiert und diese beantwortet. Beim Turing-Test wurde auf kognitiven Eigenschaften verzichtet, da sie für eine Einschätzung nicht maßgeblich sind (*Russell, Norvig*, 2012, S. 23).

Aus dem Turing-Test sind die Unterscheidungen zweier Arten von künstlicher Intelligenz entstanden, die schwache und starke künstliche Intelligenz. Nach der schwache künstlichen Intelligenz lösen künstliche Systeme konkrete Anwendungsprobleme. Das Hauptziel von ihnen ist es, ein intelligentes Verhalten zu simulieren. Dies wird durch den Einsatz von Algorithmen oder Formeln der Mathematik und der Informatik erzielt. Der heutige Stand der Technik bewegt sich vorwiegend in der schwachen künstlichen Intelligenz. Dazu zählen zum Beispiel Expertensysteme, Navigationssysteme oder Sprach- und Bilderkennung (*Russell, Norvig,* 2012, S. 1176-1182; *Moeser,* 2017, o. S.).

Im Gegensatz zur schwachen künstlichen Intelligenz hat die starke sich zum Ziel gesetzt, dass Maschinen in der Lage sein werden zu denken und Probleme zu lösen. Dies würde bedeuten, dass eine Maschine die gleichen Fähigkeiten und Fertigkeiten eines Menschen besitzen und eine eigenständige Intelligenz entwickeln würde. Die starke künstliche Intelligenz ist als Zukunftsvision zu sehen und müsste die folgenden Fähigkeiten erfüllen: Denken, Lernen, Problemlösen, Zusammenhänge herstellen, natürliches Sprachvermögen (*Russell, Norvig,* 2012, S. 1182-1185; *Moeser,* 2017, o. S.).

Die künstliche Intelligenz kann in mehrere Teilbereiche untergliedert werden, wozu der symbolverarbeitende und der nicht symbolverarbeitende Ansatz gehören. Die Wiedergabe von Subjekten und Objekten als Symbole sowie deren Kennzeichen und wechselseitigen Beziehung zueinander, wird als symbolverarbeitender Ansatz definiert. Zu den nicht symbolverarbeitenden Ansatz gehören auch die neuronalen Netze, welche in Kapitel 4 detailliert beschrieben und beleuchtet werden (*Lämmel, Cleve,* 2012, S. 18-19).

Die Vielzahl an Definitionen können zu einem Ziel zusammengefasst werden, dass die künstliche Intelligenz sich auf die Erschaffung intelligenter Maschinen bzw. Computer konzentriert. Sie treiben die Entwicklung und Forschung voran, intelligente Systeme zu erschaffen.

3 Stand der Technik

Ein System kann als intelligent bezeichnet werden, wenn es eigenständige, also ohne der Einwirkungen des Menschen, Handlungen durchführen kann, um ein gesetztes Ziel zu erreichen (*Lunze,* 2016, S. 2). Um die Grenzen und auch die damit verbundenen Möglichkeiten der künstlichen Intelligenz zu erfassen, ist es sinnvoll den aktuellen

Stand der Technik zu betrachten. Aufgrund der Vielfalt der künstlichen Intelligenz, werden insbesondere die Systeme genauer betrachtet, welche sich auch mit dem Problemlösen, Lernen und Wissen beschäftigten. Eine deutliche Abgrenzung der Bereiche ist oftmals schwierig, da zum Beispiel Programme als Expertensysteme benannt werden, aber auch Teile der intelligenten Agenten erfassen können.

3.1 Intelligente Agenten

Als intelligente Agenten werden Systeme bezeichnet, die konkrete Anwendungsprobleme lösen können. Intelligente Systeme bauen auf feste Algorithmen auf und sind kein System, das selber lernen kann. Sie müssen nicht alle Fähigkeiten eines Menschen besitzen, um gut zu funktionieren. Die sozialen Aspekte, wie zum Beispiel die Sprache oder Kooperationen, bleiben hierbei oftmals unberücksichtigt. Der Agent besitzt Sensoren und Aktuatoren. Mit seinen Sensoren kann er Dinge wahrnehmen und mit den Aktuatoren Handlungen durchführen. Die intelligenten Agenten stellen eine Basis für die weitere Entwicklung von künstlicher Intelligenz, insbesondere der selbstlernenden Systeme. Es gibt verschiedene Strategien mit denen intelligente Agenten funktionieren, die Strategie zum Suchen, Begrenzung von Lösungen sowie die Kombination aus Beidem (*Russell, Norvig*, 2012, S. 60-63; *Becker*, 2017, o. S.).

Bei der Such-Strategie sind Suchalgorithmen hinterlegt, welche eine Auswahl der Reihenfolge der Suchabfolge trifft. Stehen dem intelligenten Agenten mehrere Optionen zur Verfügung, wird jeder der Knoten aus den Entscheidungsbäumen getestet. Bei diesem Test wird überprüft, ob der gewünschte Zustand erreicht ist, ansonsten wird er verworfen und ein neuer Knoten überprüft. Die einfachste Variante ist die *Depth-First* oder auch als *Tiefensuche* bekannt. Sie überprüft immer den tiefsten Knoten eines Entscheidungsbaumes, demnach die möglichen End-Ziele. Jeder Ast wird bis zum Ende überprüft, erst dann wird eine neuer Ast des Entscheidungsbaumes durchsucht (*Russell, Norvig*, 2012, S. 121-122). Das Gegenteil zur Tiefensuche ist die *Breitensuche*, auch die *Breadth-First* genannt. Bei diesem Such-Algorithmus werden die Ebenen jedes Knoten des Baums komplett überprüft, bevor die Knoten in der nächsten Ebene getestet werden. Die Abbildung 1 macht den Unterschied der beiden Such-Strategien deutlich

Abbildung 1: Unterschied der Depth-First und Breadth-First Suchstrategien

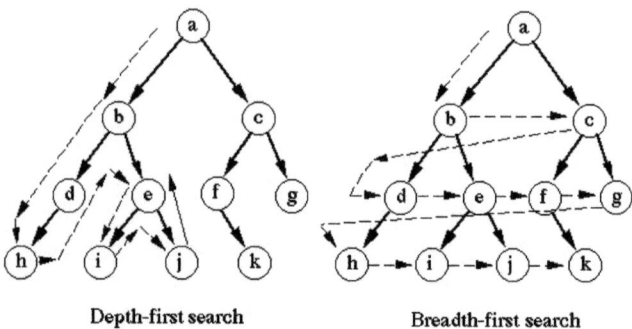

Depth-first search   Breadth-first search

Quelle: *Becker*, 2017, o. S.

3.2 Expertensysteme

Im Gegensatz zu den intelligenten Agenten sind die Expertensysteme *wissensbasierte Systeme*, welche sehr divergent aufgebaut sein können. Sie können bestimmte Fachaufgaben qualitativ hochwertig lösen. Diese Systeme verfolgen das Ziel, dass sie vergleichbar mit einem menschlichen Experten werden. Sie bestehen aus unterschiedlichen miteinander verbundenen Komponenten: Wissensbasis, Wissenserwerbskomponente, Erklärungskomponente, Dialogkomponente und eine Inferenzkomponente (siehe Abbildung 2) (*Styczynski, Rudion, Naumann*, 2017, S. 9-11).

Abbildung 2: Komponenten eines Expertensystems

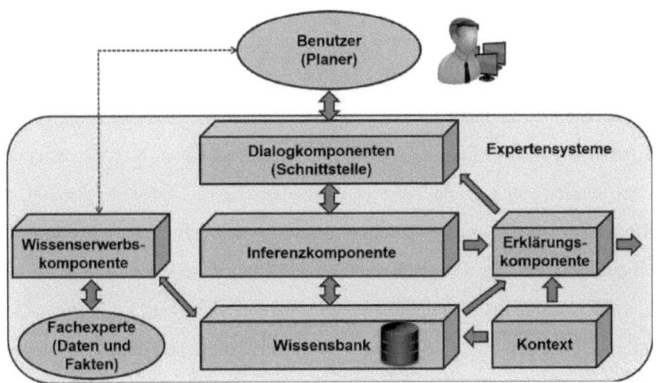

Quelle: *Styczynski, Rudion, Naumann*, 2017, S. 12

Die Wissensbasis speichert die Fakten und Regeln und enthält die heuristischen Erfahrungen. Die Wissenserwerbskomponente oder auch Wissensrepräsentation umfasst Frames und semantische Netze. Der fachliche Experte gibt sein Wissen mit Daten und Fakten an diese Komponente ab. Der Benutzer kann seine Fragen an die Dialogkomponente richten. Aus der Inferenzkomponente wird eine Lösung aus der Wissensbasis abgeleitet und erarbeitet. In diesem Fall kann es erforderlich sein, Rückfragen an den Benutzer zu stellen. Ist die Lösung für das Problem gefunden, wird dieses über die Erklärungskomponente erläutert (*Hartmann, Lehner*, 1990, S. 23-26; *Strube, Habel, Konieczny, Hemforth*, 2003, S. 39-42; *Styczynski, Rudion, Naumann*, 2017, S. 9-11).

„Expertensysteme werden für Probleme eingesetzt, für die es (noch) keine exakten Theorien und keine ausgearbeiteten Algorithmen gibt." (*Hartmann, Lehner*, 1990, S. 26). Sie finden vor allem Anwendung in den Gebieten der Diagnose, Prognose, Planung und Beratung. Die Expertensysteme werden bereits in sehr vielen Bereichen eingesetzt, wie zum Beispiel der Medizin oder dem Militär (*Daniel, Striebel*, 1993, S. 11). Eines der ersten Expertensysteme ist *Mycin*, welches bei einer Diagnose und der entsprechenden Behandlung von bakteriellen Infektionen berät. Dieses System basiert auf Regeln, welche von dem Wissen von Experten abgeleitet wurden. *Mycin* war das erste System, dass die Wissenskomponente von der Inferenzkomponente trennte, also der Komponente auf denen die Lösungen basieren. Diese Vorgehensweise diente allen weiteren Expertensystemen als Grundlage (*Spreckelsen, Spitzer*, 2008, S. 11-12; *Russell, Norvig*, 2012, S. 47).

3.3 Neuronale Netze

Die neuronalen Netze werden auch als *konnektionistische Systeme* bezeichnet. Als Basis dient ihnen das menschliche Gehirn. Hinter den neuronalen Netzen stehen keine Algorithmen, sondern eine große Zahl an parallellaufender Einheiten. Analog zum Gehirn des Menschen werden diese Einheiten als Neuronen bezeichnet. Die Neuronen werden in Schichten hintereinander strukturiert und sind miteinander verbunden. Die Informationen werden durch den Eingang (*Eingabeschicht*) zu einer *Zwischenschicht* und anschließend zum Ausgang (*Ausgabeschicht*) gesendet (siehe Abbildung 3). Die *Eingabeschicht* ist der Eintritt für die Informationen. Sie werden von den Neuronen aufgefangen und an alle Neuronen der *Zwischenschicht* weitergeleitet. Die *Zwischenschicht* liegt zwischen der *Eingabe-* und *Ausgabeschicht*. Es kann mehrere *Zwischenschichten* geben, umso mehr Schichten vorhanden sind desto tiefer ist das künstliche neuronale Netz. Jede weitere Schicht bedeutet auch, dass mehr Rechenleistung benötigt wird. Das Ende des neuronalen Netzes stellt die Ausgabeschicht dar und das Ergebnis der Information. (*Kriesel*, 2007, S. 35-39).

Abbildung 3: Aufbau eines menschlichen und künstlichen Neurons

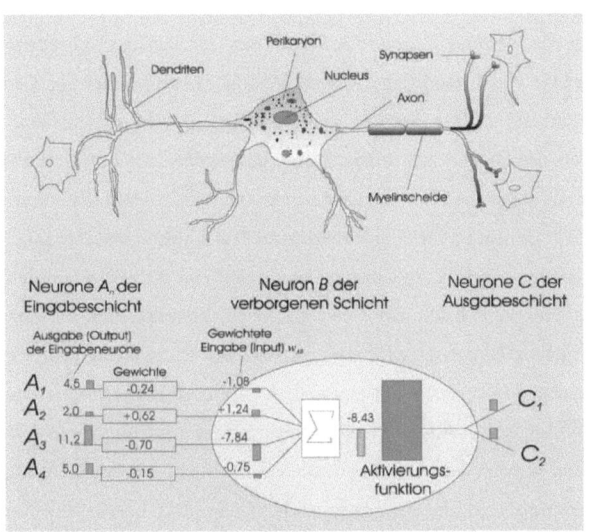

Quelle: *Traeger, Eberhart, Geldner, Morin, Putzke, Wulf, Eberhart*, 2003, S. 1056

Ein Neuron wird nur dann aktiviert, wenn eine festlegte Barriere überschritten wird. Wie intensiv der Informationsfluss in einem neuronalen Netzwerk von statten geht, wird über die Gewichtung bestimmt und wird durch die Aktivierungsfunktionen an die nächsten Neuronen einer weiteren Schicht geleitet. Bestehen die Verbindungen nur in eine Richtung, dann wird dies *Feedforward-Netz* genannt. Die Informationen werden von der Eingabeschicht bis zur Ausgabeschicht nur in eine Richtung weitergeleitet. Sind Verbindungen auch in die andere Richtung möglich, so werden sie als *rückgekoppeltes neuronales Netze* bezeichnet. In diesem Netz können die Neuronen eigenständig Einfluss nehmen. Es existieren verschiedene Varianten der Einflussnahme. Die *direkte Rückkoppelung*, bei dem der Start und das Ende bei ein und demselben Neuron ablaufen. Ein Neuron, welches über Umwege vorwärts zur nächsten Schicht einwirken kann, wird als *indirekte Rückkoppelung* bezeichnet. Die Verbindung im Bereich einer Schicht sind die *lateralen Rückkoppelungen*, da die Neuronen sich gegenseitig beschränken und nur ein Neuron, das stärkste, aktiviert werden kann. Bei der *vollständigen Rückkoppelung* besteht zwischen jedem Neuron eine Verbindung (*Kiesler*, 2007, S. 41-45).

Einer der wichtigsten Merkmale von neuronalen Netze ist, dass sie durch Training lernen können. Unter Lernen wird verstanden, dass sich ein neuronales System durch die Veränderung von Verbindung sowie der Neuronen (Entwicklung, Löschung) oder Veränderung der Gewichte modifiziert. Diese Modifikationen werden als Lernregeln zusammengefasst und in Algorithmen implementiert. Es gibt verschiedene Arten von Lernverfahren, das überwachte, unüberwachte und bestärkende Lernen. Das überwachte Lernen wird als *supervised learning* bezeichnet und beschreibt das Lernen anhand von Beispielen. Als Beispiel wird eine Kombination aus Eingabe und Ausgabe von Datenpaaren verstanden. Dieses Vorgehen bezieht sich auf eine im Voraus festgelegte Ausgabe, welche erlernt werden soll. Die Gewichte sollen daran optimiert werden, so dass ein korrektes Ergebnis berechnet wird. Dieses Ergebnis wird mit bereits bekannten und richtigen Ergebnissen verglichen. Beim unüberwachten Lernen (*unsupervised learning*) wird dem System keine Ausgabe vorgegeben, sondern nur die Eingabe des Musters, welches erlernt werden soll. Das neuronale Netz versucht vergleichbare Muster zu finden und verändert das Eingabemuster selbstständig. Das bestärkende Lernen (*reinforcement learning*) funktioniert ähnlich wie das unüberwachte Lernen, mit dem Unterschied, dass bei der Ausgabe mitgeteilt wird, ob das Ergebnis korrekt oder inkorrekt ist und eine Einschätzung zur Wahrscheinlichkeit des Ergebnisses abgegeben wird (*Kiesler*, 2007, S. 53-56).

4 Grenzen und Möglichkeiten der künstlichen Intelligenz

Der Überblick über den Stand der Technik sollte dazu dienen, ein Verständnis für die Fragestellung des Kapitels zu schaffen, wo sich die Grenzen und Möglichkeiten der künstlichen Intelligenz befinden. Die künstliche Intelligenz ist ein Bereich mit einer sehr schnellen Entwicklung und auch sehr umfassend, daher ist es schwierig festzustellen, wo die künstliche Intelligenz steht. Lange Zeit wurde auch behauptet, dass ein Computer keinen Menschen im Schach besiegen kann. Bereits im Jahr 1996 wurde der Schach-Weltmeister durch eine Maschine mit dem Programm Deep Blue von IBM erstmalig geschlagen (*Russell, Norvig*, 2012, S. 53). Die Entwicklung im Spielereich wurde stetig ausgebaut und so konnte das selbstlernende System AlphaZero im Jahr 2017 innerhalb von nur vier Stunden das erfolgreichste Schachprogramm schlagen.

AlphaZero ist ein Computerprogramm, welches durch Spielregeln, Siege und intensives gegen sich selbst spielen lernt (*Fischer*, 2017, o. S.).

Die intelligenten Systeme sind in vielen Bereichen dem Menschen bereits überlegen und lösen die Probleme schneller als ein Mensch dies tun könnte. Dies betrifft insbesondere den Spielebereich oder die Spracherkennung (*Russell, Norvig*, 2012, S. 60-63; *Becker*, 2017, o. S.). Einer der bekanntesten Spracherkennungen und Expertensysteme ist Siri von Apple. Diese Sprachsoftware wurde von Apple im Oktober 2011 vorgestellt und ist heute aus den aktuellen I-Phones nicht mehr wegzudenken. Durch gesprochene Befehle werden bestimmte Dienste auf dem Smartphone gesucht oder ausgeführt (*Huq*, 2011, o. S.). Ein intelligenter Sprachassistent ist Alexa von Amazon oder der Google Home. Diese Systeme sind sprachgesteuerte intelligente Assistenten und reagieren auf Sprachbefehle. Sie sind Teile oder können als Teil von Smart Home eingebaut werden. Smart Home ist sozusagen ein intelligentes zu Hause, bei dem Geräte, Elektrik per Smartphone gesteuert werden können (*Hansen, Zota*, 2016, o. S.; *Alvares de Souza Soares*, 2017, o. S., *Schiller*, 2018, o. S.).

Einen großen Durchbruch im Bereich der künstlichen Intelligenz konnte durch Google Duplex erreicht werden. Durch Google Duplex konnte erstmalig der Turing Test durch eine Maschine bestanden werden. Google Duplex kann eigenständig Sprachanrufe ausführen und kann somit Termine vereinbaren. Das Besondere daran ist, dass das System eigenständig auf die Antworten reagiert. Der Anrufer kann nicht erkennen, ob am Telefonhörer eine Maschine oder ein Mensch spricht. Eine freie eigenständige Unterhaltung am Telefon ist allerdings noch nicht möglich (*Herbig*, 2018, o. S.; *Kremp*, 2018, o. S.; *Leviathan, Matias*, 2018, o. S.).

Ein letztes Beispiel betrifft ein Teilgebiet der künstlichen Intelligenz, welches in dieser Arbeit nicht angesprochen wurde, die Robotik. Mit diesem Beispiel soll verdeutlicht werden, was in diesem Teilbereich ebenfalls bereits möglich ist. Im Februar 2018 wurde am Münchner Flughafen erstmalig ein humanoider Roboter eingesetzt. Dieser Roboter steht für Fragen rund um den Flughafen bereit. Er hat keine vorprogrammierten Texte, sondern reagiert auf die gestellten Fragen durch die Fähigkeit zu lernen. Hierzu greift sie auf eine Cloud zurück, welche mit dem Münchner Flughafen verbunden ist (*Munich Airport*, 2018, o. S.; *Schubert*, 2018, o. S.).

Bei der Frage, wann eine Maschine intelligenter wird als ein Mensch, spielt auch das Mooresche Gesetz eine zentrale Rolle. Das Mooresche Gesetz besagt, dass sich die Rechenleistung in circa 18 Monaten verdoppelt. Dieses Gesetz muss mehr als eine Faustregel verstanden werden und gilt für viele Bereiche der Industrie als sich selbsterfüllende Prophezeiung (*Mattern*, 2003, S. 5-6). Für die rasante Weiterentwicklung der künstlichen Intelligenz wird auch mehr Rechenleistung und -kapazität benötigt. Der enorme und schnelle Fortschritt in diesem Bereich fordert mehr Energieleistung. Um das maschinelle Lernen von neuronalen Netzen weiter vorwärts treiben zu können, hat Google im Jahr 2015 einen Chip TPU - Tensor Processing Unit in seinen Rechenzentren eingesetzt. Dieser Chip ist 30-mal schneller als die CPU Chips, er soll Hauptprozessor damit unterstützen (*Kling*, 2017, o. S.).

Viele weitere Beispiele und neue Entwicklung könnten hier angeführt werden, was beweist, wie schnell die künstliche Intelligenz voranschreitet. Die angeführten Beispiele verdeutlichen, dass Teilbereiche der künstlichen Intelligenz bereits zu intelligenten Maschinen, Programme und Systeme entwickelt wurden. Aber hin zur allgemeinen künstlichen Intelligenz und der damit verbundenen Überlegenheit gegenüber dem Menschen, ist noch ein längerer Weg. Die Möglichkeit dies zu erreichen scheint aber gegeben zu sein.

5 Diskussion und Fazit

Die zentrale Frage der Arbeit war es, ob eine Maschine intelligenter werden kann als ein Mensch. Die angeführten Beispiele zeigen, dass die Entwicklung bereits in die Richtung der starken künstlichen Intelligenz arbeitet. In vielen Bereichen ist ein rasanter Fortschritt zu erkennen. Von intelligenten Heimen bis hin zum autonomen Fahren sind viele Dinge bereits möglich, die wir als Menschen nur aus Science-Fiction-Filmen kennen. Noch benötigen die intelligenten Systeme den Einfluss des Menschen, auch wenn zum Beispiel Google Duplex bereits eigenständige Gespräche führen kann, bei Problemen benötigt er dennoch den Menschen (*Herbig*, 2018, o. S.). Auch die Rechenleistung wird die künstliche Intelligenz vor eine Herausforderung stellen, denn was bringt die große Entwicklung, wenn sie nicht umgesetzt werden kann. In vielen Bereichen ist die Maschine dem Mensch schon überlegen, wie im Spielebereich mit AlphaZero. Die Sprachassistenten und auch Smart Home erleichtern dem Menschen viele Tätigkeiten im Alltag, worauf wir nicht verzichten wollen. Viele Menschen sehen die künstliche Intelligenz als eine Bedrohung für den Arbeitsplatz und haben Angst, dass die selbstlernenden Maschinen ein Eigenleben entwickeln. Sogar von bekannten Forschern wird die künstliche Intelligenz als die Bedrohung der Menschheit angesehen. Sie sehen die Entwicklung der neuronalen Netze als bedenklich an, da sie darauf programmiert werden eigenständig zu lernen (*Damm*, 2017, o. S.). Viele Arbeitsplätze wurden bereits durch die Technik abgebaut und durch Maschinen ersetzt, dies wird auch die zukünftige Entwicklung darstellen. Die Unternehmen investieren viel in die Ausrichtung der Digitalisierung. Was aber nicht immer nur den Verlust des Jobs bedeutet, sondern auch die Chance für neue Berufszweige. Und werden die Möglichkeiten, die es zum Beispiel für den Medizinbereich bietet und damit die Chance auf schnellere und bessere Heilungsverfahren betrachtet, so kann dies als positive Eigenschaften der künstlichen Intelligenz angesehen werden (*Winner*, 2017, o. S.).

Noch ist der menschliche Geist der Maschine überlegen, was auch daran liegt, dass ein menschliches Gehirn sehr komplex aufgebaut ist und ebenso wenig erforscht werden kann. Wie sollte es dann den Forschern gelingen ein Gehirn für eine Maschine nachzubauen (*Pokorny*, 2016, o. S.). Um wie ein Mensch agieren zu können, müssen Maschinen lernen ein Bewusstsein zu schaffen für Emotionen, Reaktionen. Nur daraus können sie Zusammenhänge herstellen. Eine Maschine ist auch darauf programmiert keine Fehler zu machen, der Mensch macht Fehler und kann damit auch Kreativität entwickeln. Die Frage stellt sich, ob eine Maschine überhaupt ein Bewusstsein benötigt, um intelligent zu sein? Wichtig für ein intelligentes Verhalten bei Maschinen sind insbesondere die neuronalen Netze, um das Wissen miteinander zu kombinieren (*Zielke*, 2018, o. S.).

Eine menschliche Intelligenz wird mit emotionaler, sensomotorischer und sozialer Intelligenz definiert (*Goleman*, 1997, S. 65). Die Maschine kann derzeit nur die kognitiven und sensomotorischen Fähigkeiten abdecken. Die emotionale Intelligenz hingegen ist noch schwierig zu imitieren, da durch die neuronalen Netze nur elektrische Prozesse gesteuert werden. Aber auch in diesem Bereich macht die Forschung Fortschritte. Die intelligenten Systeme werden auf das Erkennen von menschlichen Gefühlsreaktion trainiert (*Zimmermann*, 2017. o. S.)

Um die starke künstliche Intelligenz zu erreichen, müsste die Maschine denken, lernen, Probleme lösen, Zusammenhänge herstellen können und ein natürliches Sprachvermögen haben (*Russell, Norvig*, 2012, S. 1182-1185; *Moeser*, 2017, o. S.). Durch die neuronalen Netze ist es bereits möglich, dass Maschinen als intelligent bezeichnet werden, lernen und Problem lösen können. Auch im natürlichen Sprachvermögen sind die Entwicklungen bereits sehr weit fortgeschritten. Die neuronalen Netze haben viel Potential und sind die Zukunftsvision der künstlichen Intelligenz.

Beachtet werden sollte bei dem Fortschritt auch die ethischen und rechtlichen Fragen. Diese beziehen sich auf Bereiche, die durch die künstliche Intelligenz nicht unterstützt werden sollen. Künstliche Intelligenz soll als Ziel haben, den sozialen Nutzen zu unterstützen und kein weiteres Gewaltpotenzial, Diskriminierung fördern oder Menschen durch die Maschine zu Schaden kommen. Google hat sich aus diesem Grund gegen eine Unterstützung im Bereich des Militärs ausgesprochen (*Bünte*, 2018, o. S.). Wird die künstliche Intelligenz im Unternehmen bei Mitarbeiter oder Bewerbern eingesetzt, so muss die rechtliche Seite beachtet werden. Laut Gesetz darf ein Computer keine Entscheidungen ohne den Menschen treffen. Er darf lediglich eine Einschätzung des Bewerbers geben und der Mensch entscheidet, ob er den Bewerber einstellen möchte. Derzeit ist die gesetzliche Lage noch hinter der Entwicklung der künstlichen Intelligenz (*Kuss*, 2018, o. S.).

Ist eine Maschine derzeit intelligenter als der Mensch? Nein, wie die Grenzen zeigen, ist sie definitiv noch nicht in allen Bereichen intelligenter als der Mensch. Einige Faktoren, wie Emotionen, Bewusstsein und Zusammenhänge herstellen, fehlen den heutigen Maschinen noch, um als intelligenter bezeichnet zu werden, aber sie sind bereits intelligente Maschinen. Zurückkommend auf die Ausgangsfrage der Arbeit: Können Maschinen intelligenter werden als der Mensch? Die Möglichkeit besteht, das zeigen die Zukunftsprognosen und die Entwicklungen in den Bereichen emotionale Intelligenz und neuronale Netze. Hierbei werden auch die technischen Voraussetzungen eine entscheidende Rollen spielen, diese müssen mit dem Fortschritt der künstlichen Intelligenz weiterentwickelt werden, insbesondere die Rechnerleistungen.

Die Entwicklungen und der bereits angeführte Stand der Technik zeigen, dass die künstliche Intelligenz auch in den nächsten Jahren zunehmen und dies auch Konsequenzen mit sich bringen wird. Inwieweit eine Maschine intelligenter sein wird als der Mensch steht derzeit noch in den Sternen, aber viele Techniken und Programme weisen bereits daraufhin, dass diese Entwicklung kommen wird. Ob dies ein positiver oder negativer Fortschritt für die Menschen darstellt bleibt abzuwarten.

Literaturverzeichnis

Cruse, Holk, Dean, Jeffrey, Ritter, Helge (1998): Die Entdeckung der Intelligenz. Oder können Ameisen denken, München: C.H. Beck, 1998

Daniel, Manfred, Striebel, Dieter (1993): Künstliche Intelligenz, Expertensysteme, Opladen: Westdeutscher Verlag, 1993

Gittler, Georg, Arendasy, Martin (2005): Menschliche Intelligenz- die Sichtweise der Psychologie, in: e&i elektrotechnik und informationstechnik, Heft 7/8, Juli/August 2005, S. 227–231

Görz, Günther, Wachsmuth, Ipke (2003): Einleitung, in: *Görz, Günther, Rollinger, Claus-Rainer, Schneeberger, Josef* (Hrsg.), Handbuch der Künstlichen Intelligenz, (4. Aufl.), München: Oldenbourg, 2003, S. 1–16

Görz, Günther, Schmid, Ute, Wachsmuth, Ipke (2014): Einleitung, in: *Görz, Günther, Schneeberger, Josef, Schmid, Ute* (Hrsg.), Handbuch der Künstlichen Intelligenz, (5. Aufl.), München: Oldenbourg, 2014, S. 1–18

Goleman, Daniel (1997): EQ. Emotionale Intelligenz, München: Carl Hanser, 1997

Hartmann, Dietrich, Lehner, Karlheinz (1990): Technische Expertensysteme: Grundlagen, Programmiersprachen, Anwendungen, Berlin: Springer, 1990

Lämmel, Uwe, Cleve, Jürgen (2012): Künstliche Intelligenz, (4. Aufl.), München: Carl Hanser, 2012

Lunze, Jan (2016): Künstliche Intelligenz für Ingenieure, (3. Aufl.), Berlin: de Gruyter, 2016

Mattern, Friedemann (2003): Vom Verschwinden des Computers – Die Vision des Ubiquitous Computing, in: *Mattern, Friedemann* (Hrsg.), Total vernetzt. Szenarien einer informatisierten Welt, Berlin: Springer, 2003, S. 1–41

Neubauer, Aljoscha, Stern, Elsbeth (2007): Lernen macht intelligent: Warum Begabung gefördert werden muss, München: DVA, 2007

Piaget, Jean (2003): Das Erwachen der Intelligenz beim Kinde, (5. Aufl.). Stuttgart: Klett-Cota, 2003

Russell, Stuart, Norvig, Peter (2012): Künstliche Intelligenz – Ein moderner Ansatz, (3. Aufl.), München: Pearson, 2012

Spreckelsen, Cord, Spitzer, Klaus (2008): Wissensbasen und Wissensbasen und Expertensysteme in der Medizin, Wiesbaden: Vieweg+Teubner, 2008

Stern, William (1912): Die psychologischen Methoden der Intelligenzprüfung und deren Anwendung an Schulkindern, Leipzig: Johann Ambrosius Barth, 1912

Strube, Gerhard, Habel, Christopher, Konieczny, Lars, Hemforth, Barbara (2003): Kognition, in: *Görz, Günther, Rollinger, Claus-Rainer, Schneeberger, Josef* (Hrsg.), Handbuch der Künstlichen Intelligenz, (4. Aufl.), München: Oldenbourg, 2003, S. 19–71

Styczynski, Zbigniew A., Rudion, Krzysztof, Naumann, André (2017): Einführung in Expertensysteme - Grundlagen, Anwendungen und Beispiele aus der elektrischen Energieversorgung, Berlin: Springer Vieweg, 2017

Süß, Heinz-Martin, Beauducel, André (2013): Neuere Intelligenzkonstrukte, in: *Sarges, Werner* (Hrsg.), Management-Diagnostik, (4. Aufl), Göttingen: Hogrefe, 2017, S. 208–220

Traeger, M., Eberhart, A., Geldner, G., Morin, A. M., Putzke, C., Wulf, H., Eberhart, L. H. J. (2003): Künstliche neuronale Netze. Theorie und Anwendungen in der Anästhesie, Intensiv- und Notfallmedizin, in: Der Anaesthesist, 11 (2003), S. 1055–1061

Turing, Alan Mathison (1950): Computing Machinery and Intelligence, in Mind 49, S. 433–460.

Internetquellen

Alvares de Souza Soares, Philipp (2017): Alexa, Cortana, Google Assistant - der Kampf um die Zukunft. Wie Amazon und Google bei Künstlicher Intelligenz angreifen, <http://www.manager-magazin.de/magazin/artikel/kuenstliche-intelligenz-alexa-cortana-home-siri-und-viv-a-1143884.html> (2017-06-04) [Zugriff 2018-07-22]

Balser, Markus (2018): Mehr Intelligenz für Deutschland, <https://www.sueddeutsche.de/digital/nationale-ki-strategie-mehr-intelligenz-fuer-deutschland-1.4059709> (2018-07-18) [Zugriff 2018-07-23]

Becker, Roland (2017): So funktionieren intelligente Agenten – Basis Strategien, <https://jaai.de/intelligente-agenten-1425/> (2017-11-23) [Zugriff 2018-07-19]

Bünte, Oliver (2018): Google stellt Ethik-Regeln für die Entwicklung künstlicher Intelligenz auf, <https://www.heise.de/newsticker/meldung/Google-stellt-Ethik-Regeln-fuer-die-Entwicklung-kuenstlicher-Intelligenz-auf-4074342.html> (2018-06-08) [Zugriff 2018-07-22]

Damm, Christoph (2017): Experte erklärt: Ein Milliardenmarkt könnte sich zur größten Bedrohung unserer Zeit entwickeln, <https://www.businessinsider.de/eine-der-groessten-bedrohung-unserer-zeit-kuenstliche-intelligenz-2017-7> (2017-07-17) [Zugriff 2018-07-22]

extra 3 Familie (2017): Leben mit Sprachassistenten, <https://daserste.ndr.de/extra3/sendungen/Extra-3-Familie-Leben-mit-Sprachassistenten,extra13146.html> (2017-06-29) [Zugriff 2018-07-22]

Fischer, Lars (2017): Künstliche Intelligenz schlägt besten Schachcomputer der Welt, <https://www.spektrum.de/news/kuenstliche-intelligenz-schlaegt-besten-schachcomputer-der-welt/1524575> (2017-12-06) [Zugriff 2018-07-23]

Hansen, Sven, Zota, Volker (2016): Amazon: Sprachassistentin Alexa kommt nach Deutschland, <https://www.heise.de/newsticker/meldung/Amazon-Sprachassistentin-Alexa-kommt-nach-Deutschland-3321290.html> (2016-09-14) [Zugriff 2018-07-22]

Herbig, Daniel (2018): Google Duplex: Guten Tag, Sie sprechen mit einer KI, <https://www.heise.de/newsticker/meldung/Google-Duplex-Guten-Tag-Sie-sprechen-mit-einer-KI-4046987.html> (2018-05-11) [Zugriff 2018-07-22]

Huq, Oliver (2011): iPhone 4S: Auf die inneren Werte kommt es an, <https://www.heise.de/mac-and-i/meldung/iPhone-4S-Auf-die-inneren-Werte-kommt-es-an-1354456.html> (2011-10-04) [Zugriff 2018-07-22]

Kremp, Matthias (2018): Google Duplex ist gruselig gut, <http://www.spiegel.de/netzwelt/web/google-duplex-auf-der-i-o-gruselig-gute-kuenstliche-intelligenz-a-1206938.html> (2018-05-09) [Zugriff 2018-07-22]

Kriesel, David (2007): Ein kleiner Überblick über Neuronale Netze, <http://www.dkriesel.com/science/neural_networks> (keine Datumsangabe) [Zugriff 2018-07-20]

Kling, Bernd (2017): Google: Spezial-Chip bis zu 30-mal schneller als GPU und CPU, < https://www.zdnet.de/88291691/google-spezial-chip-bis-zu-30-mal-schneller-als-gpu-und-cpu/> (2017-04-06) [Zugriff 2018-02-23]

Kuss, Christian (2018): Was rechtlich zulässig ist und was nicht – Künstliche Intelligenz im Recruiting-Prozess, <https://www.cio.de/a/kuenstliche-intelligenz-im-recruiting-prozess,3564156> (2018-04-13) [Zugriff 2018-07-22]

Leviathan, Yaniv, Matias, Yossi (2018): Google Duplex: An AI System for Accomplishing Real-World Tasks Over the Phone, <https://ai.googleblog.com/2018/05/duplex-ai-system-for-natural-conversation.html> (2018-05-08) [Zugriff 2018-07-22]

Nowak, Patrick, Gotta, Lennart, Wiesmüller, Max (2017): Alexa: Die nützlichsten Befehle und witzigsten Sprüche, <http://www.computerbild.de/artikel/cb-Tipps-Vernetztes-Wohnen-Amazon-Alexa-Befehle-Sprueche-17357001.html> (2017-12-25) [Zugriff 2018-07-22]

Michler, Inga (2017): Künstliche Intelligenz macht den Deutschen Angst, <https://www.welt.de/wirtschaft/article169640579/Kuenstliche-Intelligenz-macht-den-Deutschen-Angst.html> (2017-10-15) [Zugriff 2018-07-22]

Moeser, Jan (2017): Starke KI, Schwache KI – Was kann künstliche Intelligenz?, <https://jaai.de/starke-ki-schwache-ki-was-kann-kuenstliche-intelligenz-261/> (2017-09-27) [Zugriff 2018-07-15]

Munich Airport (2018): Hallo, ich bin Josie Pepper, <https://www.munich-airport.de/hallo-ich-bin-josie-pepper-3588283> (keine Datumsangabe) [Zugriff 2018-07-22]

Ohse, Sandra (2017): Ok Google: Die 77 besten Sprachbefehle, <https://www.pcwelt.de/a/ok-google-die-77-besten-sprachbefehle,3424044> (2017-03-10) [Zugriff 2018-07-22]

Pokorny, Clemens (2016): Grenzen der künstlichen Intelligenz, <https://uni.de/redaktion/grenzen-der-kuenstlichen-intelligenz> (2016-06-09) [Zugriff 2018-07-23]

Schiller, Kai (2018): Was ist ein Smart Home? Geräte, Systeme und Produkte, <https://www.homeandsmart.de/was-ist-ein-smart-home> (2018-01-08) [Zugriff 2018-07-22]

Schubert, Andreas (2018): Josie Pepper ist der neue Auskunftsroboter in Terminal 2, <https://www.sueddeutsche.de/muenchen/flughafen-muenchen-josie-pepper-ist-der-neue-auskunftsroboter-in-terminal-1.3872134> (2018-02-19) [Zugriff 2018-07-22]

Schweizer, Elian (o. J.): Kognitive Fähigkeiten des Menschen, <https://www.medien.ifi.lmu.de/lehre/ws0506/mmi1/kognitive-faehigkeiten.xhtml> (keine Datumsangabe) [Zugriff 2018-07-22]

Winner, Michelle (2018): Künstliche Intelligenz wird neue Arbeitsplätze schaffen, <https://onlinemarketing.de/jobs/artikel/kuenstliche-intelligenz-wird-neue-arbeitsplaetze-schaffen> (2018-04-13) [Zugriff 2018-07-22]

Zielke, Jochen (2018): Künstliche Intelligenz und Bewusstsein, <https://www.planet-wissen.de/technik/computer_und_roboter/kuenstliche_intelligenz/pwiekuenstlich eintelligenzundbewusstsein100.html> (2018-05-02) [Zugriff 2018-07-23]

Zimmermann, Annette (2017): Künstliche Intelligenz wird emotional, <https://www.computerwoche.de/a/kuenstliche-intelligenz-wird-emotional,3331257> (2017-07-27) [Zugriff 2018-07-23]